RÉSULTATS SCIENTIFIQUES

DES

EXPLORATIONS DE L'OCÉAN GLACIAL

A L'EST DES SPITZBERGEN

EN 1871

PAR CHARLES GRAD

(AVEC UNE CARTE)

Extrait du *Bulletin de la Société de géographie*
(Novembre 1873)

PARIS

LIBRAIRIE CH. DELAGRAVE,

ÉDITEUR DE LA SOCIÉTÉ DE GÉOGRAPHIE

58, RUE DES ÉCOLES, 58

1873

RÉSULTATS SCIENTIFIQUES

DES

EXPLORATIONS DE L'OCÉAN GLACIAL

A L'EST DES SPITZBERGEN

EN 1871

Extrait du *Bulletin de la Société de géographie*
(Octobre 1873)

PARIS. — IMPRIMERIE DE E. MARTINET, RUE MIGNON, 2

RÉSULTATS SCIENTIFIQUES

DES

EXPLORATIONS DE L'OCÉAN GLACIAL

A L'EST DES SPITZBERGEN

EN 1871

PAR CHARLES GRAD

(AVEC UNE CARTE)

PARIS

LIBRAIRIE DE CHARLES DELAGRAVE, ÉDITEUR

RUE DES ÉCOLES, 58

1873

RÉSULTATS SCIENTIFIQUES

DES

EXPLORATIONS DE L'OCÉAN GLACIAL

A L'EST DES SPITZBERGEN EN 1871

Par Charles Grad

> « Tout succès dans l'Océan polaire dépend de la bonne volonté, de la capacité nautique, de l'intérêt et du dévouement à la science, de la connaissance des lois de la physique du globe, de l'indépendance des préjugés, du courage, de l'énergie du caractère, de la résolution, mais surtout de la patience et de la persévérance. »   (Dr Petermann.)

Le goût des grandes entreprises scientifiques tend à se perdre en France. Un regret pénible se dégage pour nous de cette abstention dans les explorations auxquelles la France a pris autrefois une part plus active. En ce moment même trois expéditions considérables, équipées par les États-Unis, par l'Autriche, par la Suède, fixent l'attention du monde savant et passent l'hiver au sein de la zone glaciale pour marcher à la découverte du pôle nord. Toute la presse étrangère nous montre ces œuvres viriles suscitées et soutenues à la fois par les encouragements des gouvernements et par des souscriptions publiques, et elle appelle l'attention générale sur leurs progrès. L'attention à Paris est fixée par les journaux sur les scandales de Cora Pearl, pendant que la société polie charme ses loisirs en escomptant les ruines de ses petits crevés. Dans notre pays, sous notre régime républicain, après des désastres inouïs que d'autres mœurs et une intelligence plus élevée auraient conjurés certainement, on continue à se soucier peu des intérêts de la science : on redoute encore bien plus de lui faire des sacrifices. Au lieu de relever la marche de la science par son concours, l'État chez nous persiste à exploiter les établissements d'instruction supérieure comme une source de revenus directs, mais il continue ses subventions aux théâtres. L'achèvement du nouvel Opéra engloutit encore des millions, pendant que les délégués des sociétés savantes du pays sont convoqués dans les salles branlantes de la vieille Sorbonne!

A défaut d'une exploration française des contrées polaires souvent projetée, mais dont rien ne fait maintenant espérer la réalisation, nous devons nous borner à enregistrer les résultats acquis par les expéditions des pays étrangers. Ces résultats ont été de nouveau considérables pour l'année dernière. Pendant que M. Payer, à peine remis des fatigues de son voyage au Groenland oriental, pénétrait avec M. Weyprecht dans la mer inconnue à l'est des îles Spitzbergen, les baleiniers norvégiens ont repris leurs courses audacieuses dans la mer de Kara et autour de Nowaja-Semlja. En même temps un voyageur anglais, M. Smith, et le capitaine Ulve, ont continué les investigations des Suédois dans le nord des îles Spitzbergen, s'élevant à 81° 24′ de latitude et découvrant que la terre du Nord-Est s'étend de trois degrés de longitude plus à l'orient que ne l'indiquent les cartes. Nous allons suivre la marche de ces diverses expéditions pour terminer par un coup d'œil d'ensemble sur les principaux résultats et sur les conditions de la navigation dans l'océan Polaire entre les îles Spitzbergen et Nowaja-Semlja.

I

Une souscription privée donna à M. Payer les ressources nécessaires pour tenter un voyage d'exploration dans la partie de l'océan Glacial à l'est des îles Spitzbergen. Ce

vaillant officier intéressa à son entreprise le lieutenant
Weyprecht, de la marine militaire autrichienne, et tous
deux partirent de Tromsœ, en Norvége, à bord de la
barque *Eisbär*, de 20 tonneaux, longue de 55 pieds, large
de 17, contre 6 de tirant d'eau, montée par quatre matelots
norvégiens, plus le capitaine, le harponneur, le charpentier
et le cuisinier. On quitta Tromsœ le 21 juin. Le 28 juin,
la glace apparut pour la première fois par 73° 40′ de latitude
nord et par 19° de longitude à l'est du méridien de Paris.
Pendant l'hiver et le printemps, les glaces s'étaient plus
rapprochées que d'habitude des côtes de Norvége, les
neiges étaient tombées aussi en plus grande abondance,
de telle sorte que l'année ne se présentait pas avec des conditions favorables. A la date du 30 juin, l'expédition se
trouva complétement cernée par la glace. Une tempête du
sud-est dégagea de nouveau la mer le 3 juillet; mais en
partie seulement, avec de tels mouvements des glaçons
qu'on pouvait s'attendre à les voir broyer la barque à tout
moment.

Ces premières épreuves donnèrent à MM. Weyprecht et
Payer la conviction de ne pouvoir surmonter des difficultés
plus considérables avec leur équipage. Avec un grand courage les matelots norvégiens manifestèrent une indolence
regrettable. Quand un navire est cerné par les glaces, les
hommes d'équipage se croisent les bras et attendent que
les vents ou les courants les dégagent, au lieu de chercher
à s'ouvrir une issue au prix de manœuvres fatigantes ou
prolongées. A partir du 10 juillet, l'expédition poursuivit
les glaces vers l'est, tantôt en dehors, tantôt à l'intérieur
de leur lisière. Celle-ci descendait jusqu'à 75° 30′ de latitude,
par 38° de longitude orientale. Les premières montagnes
de glace flottante, provenant de glaciers d'origine terrestre,
apparurent le 29 juillet autour de l'île Hope ou de l'Espé-
rance. Rarement on vit des glaces anciennes, les icebergs
furent rares aussi, la navigation au milieu de ces glaces

s'accomplit avec facilité, et M. Payer assure n'avoir trouvé jamais pendant ce voyage des champs de glace de vaste étendue. Ce sont les vents qui exercent une grande influence sur la navigation. Avec les vents du nord les glaces se partageaient en fragments, pour se réunir au contraire en masses solides avec les vents du sud. Quant à l'action de la température sur la destruction des glaces avec les progrès de l'été, nous pouvons en donner une mesure par la retraite de la lisière, qui recula de 75° à 76° 10′ de latitude dans l'intervalle du 15 au 28 juillet, soit de 70 milles vers le nord en moins de quinze jours.

L'île Hope, placée par 77° 10′ nord et 24° est sur la dernière carte des expéditions suédoises, serait située ou du moins présenterait son extrémité sud-ouest par 76° 29′ N. et 23° E., d'après M. Payer comme selon les observations antérieures de M. Bessels. L'*Eisbär* fut dirigé de ce point sur l'île de Gillis, qui ne paraît pas avoir été revue depuis plus de deux siècles. Toutefois, l'état des glaces empêcha cette tentative. Autour des Mille-Iles, les glaces étaient très-serrées, et l'on revint vers l'île Hope le 19 août. Sauf quelques montagnes de glace échouées sur la côte, cette île se trouve libre maintenant et bien dégagée. Le 21, MM. Payer et Weyprecht pénétrèrent de nouveau à l'intérieur des glaces et atteignirent 77° 17′ de latitude, au sud de la position attribuée à l'île de Gillis. Entre 26° et 34° de longitude orientale, les glaces présentèrent à cette époque d'excellentes conditions. « Elles consistaient en petits champs, d'une épaisseur moyenne de deux pieds, formant des traînées serrées, allongées, par les vents frais du nord... Un fort vapeur aurait pu passer en droite ligne à travers la glace, et l'on se croyait plutôt sur un lac d'eau douce que dans les eaux arctiques. » Remarquons néanmoins que, malgré sa grande légèreté, cette glace est difficile à traverser pour un petit navire sous voile lors des vents contraires. De plus, d'épais brouillards, des brumes éternelles, comme dit le rapport de M. Payer, incommodèrent beaucoup l'expédition.

On atteignit 77° 30′ de latitude par 40° de longitude orientale, le 29 août. On arriva même par 78° 48′ nord dans la nuit du 1er septembre. « D'épais brouillards, accompagnés de vents contraires fort rudes, nous empêchèrent d'avancer plus au nord. Il n'y aurait pas eu de difficulté dans l'état des glaces. Nous aurions pu dépasser 79° de latitude sans plus grande peine, mais par les âpres vents du nord il eût fallu toute une journée d'efforts, et le temps restreint qui nous restait nous était trop précieux pour que nous ayons voulu sacrifier toute une journée pour un chemin de quelques milles en plus... Nous ne pouvions plus songer à un mouvement énergique vers le nord. Nous en étions empêchés par notre équipement, par la répugnance de notre équipage. »

Bien des signes semblaient indiquer le voisinage de la terre dans ces parages. Les bois flottés étaient plus fréquents, un tronc présentait un enduit de limon fin; il y avait des algues et de la glace d'eau douce, facile à reconnaître, selon M. Payer, par sa transparence. On vit aussi des eiders volant vers le sud. Malheureusement l'épaisseur des brouillards, persistants malgré les vents du nord dans ces hautes latitudes, ne permettait pas de vue étendue. En général, la glace fut peu épaisse. Sauf quelques icebergs d'origine terrestre et quelques masses de glaces anciennes fort rares, rien n'indiquait de grands champs de glaces puissantes dans le nord. Les glaces vers le nord étaient assez dégagées pour une navigation facile sans l'obstacle des vents contraires. Ce qui importait maintenant, c'était de savoir si l'espace parcouru formait une sorte de golfe relativement libre, ou bien si toute la mer était également ouverte dans ces parages. Pour s'en convaincre, l'expédition se dirigea vers le sud-est jusqu'à 75° 44′ nord et 50° est. Pas un seul glaçon ne se montra depuis 78° de latitude jusqu'à l'île de Nowaja-Semja!

Le capitaine fit des difficultés pour une nouvelle course au milieu des glaces. Puis les tempêtes du sud-ouest, fort dangereuses en automne pour les navires à voile, et la durée croissante des nuits, qui rend pénible la manœuvre des barques au milieu des glaces par le mauvais temps, tous ces motifs déterminèrent le retour. L'expédition revint en arrière. Elle se trouva le 14 septembre en face du détroit de Matotschkin, sans cependant pouvoir jeter l'ancre par suite d'une tourmente de neige. Elle avait de plus trois hommes malades sur sept dont se composait l'équipage. La côte de Nowaja-Semlja fut laissée en arrière, on passa le cap Nord le 24 septembre, et l'on rentra à Tromsœ le 4 octobre.

Comme résultat de ce voyage de reconnaissance, MM. Payer et Weyprecht concluent de l'arrivée de leur barque à voile près du 79° parallèle que la mer entre les îles Spitzbergen et le groupe de Nowaja-Semlja sera désormais « la base la plus favorable pour un voyage au pôle ». Tandis qu'au nord et à l'ouest des îles Spitzbergen, la glace constitue des champs compactes et continus d'une grande épaisseur à la lisière des courants tièdes venant du sud, les explorateurs autrichiens ne virent nulle part à l'est de l'île Hope la glace en amas pareils. Nulle part dans la mer, au nord de Nowaja-Semlja, M. Payer ne rencontra des glaces comme celles avec lesquelles l'expédition allemande eut à lutter avec un vapeur, les deux années précédentes, du côté du Groenland. Ainsi, pour une même somme d'efforts, un voyage d'exploration paraît devoir donner de meilleurs résultats dans les parties de l'océan Glacial à l'est des îles Spitzbergen et au nord de Nowaja-Semlja. Si jusqu'à présent la réputation de cette mer a été si mauvaise, c'est que la plupart des navigations y ont été entreprises à une époque trop précoce de l'année.

Dans une communication faite à la séance du 7 décembre 1871 de l'Académie des sciences de Vienne, M. Weyprecht a donné quelques détails sur l'hydrographie de l'océan Polaire, sur les observations qu'il a faites avec M. Payer sur la température des eaux, sur la marche des courants, sur l'état des glaces. Comme j'ai eu l'occasion de le montrer dans un exposé de la circulation océanique inséré au *Bulletin de la Société de géographie* de février 1870, les grands courants maritimes circulent et se compensent à la surface du globe avec un ordre admirable. Tandis que les courants polaires transportent dans des régions plus chaudes les glaces en excès que la température de l'été ne peut fondre sur place pour maintenir dans les mêmes limites d'une année à l'autre, les courants chauds issus des mers tropicales s'écoulent vers les pôles pour compenser les pertes des mers glaciales et les maintenir au même niveau moyen. La configuration inégale des terres émergées dans le voisinage des deux pôles modifie la marche des courants. Cette marche est à peu près uniforme sous tous les méridiens dans l'océan Antarctique où les îles ne présentent pas d'obstacles étendus. Dans l'océan Arctique, au contraire, la prédominance des terres fermes ne permet l'échange des courants froids avec les courants de compensation plus chauds qu'à travers les ouvertures du détroit de Behring, de la mer de Baffin et de l'espace compris entre le Groënland et la Norvége. En réalité, c'est la mer entre la côte orientale du Groenland et le nord de la Norvége qui permet l'échange le plus régulier, le plus faible, le plus étendu entre les eaux chargées de glace de l'océan Polaire arctique et les courants chauds de compensation d'une direction opposée.

Même dans la mer entre le nord de l'Europe et le Groenland, l'écoulement s'opère avec régularité, avec calme, dans les espaces libres. Mais quand un obstacle apparaît au-dessus ou au-dessous de la surface des eaux, aussitôt des courants plus forts prennent naissance. Ainsi, près du cap sud des Spitzbergen, la barque des voyageurs autrichiens lutta pendant 12 jours contre des courants contraires et essaya en vain de les traverser pour entrer dans le Stor Fjord. Elle en trouva ensuite un autre sous l'île Hope, qui la força de lever l'ancre, puis un autre encore aux abords de Nowaja-Semlja. Tous ces courants ont un caractère local; ils sont plus ou moins indépendants des courants généraux. Nous nous réservons d'y revenir avec plus de détails dans une autre circonstance. Nous ferons seulement remarquer ici que le grand courant froid qui descend le long de la côte orientale du Groenland transporte, dans des régions plus chaudes les glaces d'une surface totale de 200 000 milles carrés géographiques, en les amenant à une fusion progressive sur son parcours. Quant à l'arrivée du courant chaud de compensation dans le bassin de l'océan Glacial arctique, elle a été surtout reconnue par des observations précises sur la température de la mer à diverses profondeurs.

Le courant chaud formant les dernières expansions du Gulf-stream dans le nord, se partage, par 74 degrés de latitude nord, en deux branches dont l'une suit la côte occidentale des îles Spitzbergen, dont l'autre passe à l'est du cap Nord et de l'île Bären. Or les observations de MM. Payer et Weyprecht, d'accord avec celles de M. de Middendorff, faites lors du voyage du prince héritier de Russie, indiquent dans toute la mer, entre le cap Nord, l'île Bären et Nowaja-Semlja, des eaux plus chaudes que celles du courant polaire. Ces eaux plus chaudes se rapprochent du nord avec l'été; leur température s'abaisse au contact des glaces. La fusion des glaces au contact des eaux plus chaudes en recule rapidement la lisière. Nous avons vu comment, sous cette influence, les voyageurs autrichiens ont constaté une retraite de plus d'un degré de latitude de la lisière extérieure des glaces en juillet dans l'intervalle de trois semaines. Le passage des eaux tièdes aux eaux froides est fort rapide et a lieu en général dans le voisinage de la lisière des glaces. Cela à tel point qu'au milieu des brouillards les plus épais on peut aborder les glaces avec le thermomètre en main.

Comme l'observation de la température de la mer à des profondeurs différentes montre une décroissance rapide, les eaux chaudes forment dans cette région seulement une couche superficielle assez mince, sur laquelle l'insolation directe exerce pendant l'été une influence manifeste. A 250 mètres de profondeur, la température observée pendant cette expédition fut à peu près partout de — 1°,5 centigrades. Plus on avance vers le nord-est, plus la température et la puissance de cette couche supérieure diminue. C'est ce qui ressort de la comparaison des observations faites sur trois points différents dans cette direction, observations répétées à plusieurs reprises avec un grand soin et dont les résultats méritent une pleine confiance. La première série a été relevée par MM. Weyprecht et Payer, par 72° 30' de latitude nord et 42° de longitude ; la deuxième série par 77° 26' de latitude et 42° de longitude ; la troisième série par 76° 40' de latitude et 53° de longitude :

PREMIÈRE SÉRIE			DEUXIÈME SÉRIE			TROISIÈME SÉRIE		
4 à 35 mètres	+	4°,8	2 à 10 mètres	+	2°,2	2 à 12 mètres	+	2°,5
50	»	+ 2°,5	12	»	+ 1°,8	15	»	+ 1°,0
60	»	+ 2°,0	15	»	+ 0°,3	20	»	— 0°,0
70	»	+ 1°,5	20	»	+ 0°,3	25	»	— 0°,6
80	»	+ 1°,3	25	»	— 0°,9	30	»	— 0°,8
90	»	+ 1°,0	30	»	— 0°,8	40	»	— 1°,3
100	»	+ 0°,5	40	»	— 1°,6	60	»	— 1°,2
120	»	+ 0°,5	60	»	— 1°,8	100	»	— 1°,2
150	»	— 0°,0	120	»	— 1°,6			
200	»	— 0°,4						
260	»	— 0°,3						

Cette sorte de stratification indiquée par des couches de température différente, caractérise les eaux du Gulf-stream. On l'a constatée aussi près des côtes de l'Amérique septentrionale, mais avec la différence que dans cette région les couches, au lieu d'être horizontales et de se suivre dans le sens de la profondeur, apparaissent les unes à côté des autres. Quant à l'aplatissement progressif des eaux à température supérieure de l'ouest vers l'est, elle démontre la continuation ou le développement continu d'un courant chaud de l'ouest vers l'est. Ce courant, d'après les observations de MM. Payer et Weyprecht, s'étend encore par 60° de longitude orientale de la côte de Nowaja-Semlja, à 78° de latitude à la fin du mois d'août, avec une profondeur de moins de 10 mètres il est vrai. Plus à l'est, les observations thermométriques exactes nous font encore défaut; mais la nouvelle expédition scientifique autrichienne, placée sous la direction de MM. Weyprecht et Payer, et qui passe l'hiver actuel sur la côte de Nowaja-Semlja ou de la Sibérie, comblera cette lacune.

Dans le courant de septembre 1871, l'expédition trouva, comme nous l'avons déjà dit, une mer ouverte entre 40° et 50° de longitude est jusqu'aux abords du 79° parallèle. Dans ces parages, les glaces étaient assez serrées vers l'ouest, tandis qu'un navire à vapeur aurait pu continuer à avancer au nord sans difficulté sérieuse. Le mouvement des eaux et les brouillards épais amenés par les vents du nord témoignaient en faveur de vastes espaces encore ouverts dans la direction du pôle. Sur la côte occidentale des Spitzbergen on peut s'avancer chaque année sans obstacle à une latitude plus élevée; mais on rencontre ensuite de puissants amas de glace continus qui ont jusqu'à présent arrêté tous les navires. A l'est des îles Spitzbergen, MM. Payer et Weyprecht n'ont pas rencontré de champs de glace continus pendant toute leur navigation. Ils insistent sur cette circonstance et y reviennent à plusieurs reprises. « Toute la glace qui se trouve ici ne peut opposer un obstacle insurmontable à un bon vaisseau conduit avec énergie, dit M. Weyprecht à la séance du 7 décembre 1871 de l'Académie des sciences de Vienne. Les glaces de cette mer peuvent à peine être comparées à celles des parages du Groenland. Tandis que celles-ci présentent même à leur lisière extérieure des masses à surface irrégulière, s'élèvent à une grande hauteur au-dessus de l'horizon, quelques fragments seulement dominent çà et là le niveau général dans la mer orientale. Les glaces de cette région, lors même que, par suite de leur faible épaisseur, elles se trouvent serrées les unes contre les autres, ne peuvent devenir dangereuses pour un bon navire à vapeur : elles peuvent tout au plus le cerner momentanément. Cette circonstance, plus encore que la mer ouverte jusqu'à 79° de latitude, constitue le principal avantage de nos observations de cette année... Notre navigation de cette année présente une nouvelle base pour l'accès du pôle. »

Abstraction faite des passages resserrés de la mer de Baffin et du détroit de Behring, l'océan Polaire peut être considéré comme un bassin fermé, sauf dans l'espace compris entre le Groenland et le nord de l'Europe. Or on peut évaluer les glaces emportées par le courant polaire à travers cette large ouverture à la moitié de la quantité totale formée pendant l'hiver à la surface de tout le bassin. De plus, les eaux à température plus élevée, amenées par le courant de compensation, et la chaleur produite par l'insolation directe pendant le long été du pôle, contribuent aussi à diminuer dans une proportion considérable les glaces que les courants n'entraînent pas. Comme la glace nouvelle ne se forme pas probablement dans ces régions tant que le soleil demeure au-dessus de l'horizon, les glaces anciennes doivent être rompues et présenter des passes libres suffisantes, au commencement de l'automne, pour un bon navire à vapeur spécialement construit pour la navigation au milieu des glaces. Comme l'abondance des bois flottés, la diminution graduelle de profondeur de la mer, la présence de débris rocheux et de limon sur une partie des glaces flottantes, la rencontre d'amas d'algues détachées, le passage d'une volée d'eiders se dirigeant du nord au sud, à la limite extrême atteinte par MM. Payer et Weyprecht,

sont autant de signes de la proximité de la terre, cette
terre présente aussi peut-être, ainsi que les Spitzbergen
et Nowaja-Semlja sur sa côte occidentale, une mer libre sus-
ceptible de favoriser la marche en avant d'une expédition
nouvelle, ou bien encore elle faciliterait un hivernage en
marquant une nouvelle étape. En tous cas, les glaces ne
se sont présentées, dans la mer à l'est du groupe des Spitzbergen jusqu'à 79° de latitude, en septembre 1871, ni
avec une grande épaisseur, ni sous forme d'une banquise
continue.

II

A la même époque où MM. Payer et Weyprecht ont
trouvé une mer ouverte jusqu'à 79° de latitude dans l'est, un
voyageur anglais M. Leigh Smith, conduit par le capitaine norvégien Ulve, a dépassé 81° de latitude au nord du
groupe des Spitzbergen. Cette expédition partit de Tromsœ
le 19 juin 1871 et y revint le 27 septembre. Elle était montée
sur le *Samson*, schooner de 85 tonneaux, avec un équipage
norvégien. Allant d'abord droit au nord, elle rencontra la
glace par 74° 5′ de latitude, le 25 juin, la température de
l'air et de l'eau à la surface étant à 0°. Un jour se passa au
milieu des glaces flottantes. La lisière des glaces compactes
s'appuyait alors contre l'île Bären pour s'étendre vers l'est.
Comme l'état des glaces ne permettait pas de toucher à
l'île Bären, le *Samson* passa au nord, suivit la côte occidentale des Spitzbergen, et atteignit l'extrémité nord-ouest
du groupe dès le 13 juillet. La température de la mer à la
surface marque 7° par 74° de latitude (à l'ouest de l'île
Bären), 6° par 75° de latitude, 5° par 77° de latitude, 4° jusqu'à 79° 30′ nord, malgré des brouillards permanents et une
température de l'air inférieure. Pas un morceau de glace
ne se montra depuis l'île Bären jusqu'à la côte septentrionale de l'île Amsterdam, par 79° 50′, le 14 juillet. Ce fut
seulement le 17 juillet que des glaces compactes s'opposè-

rent à la marche du navire près de Shoal Point, par 80° 17′
de latitude nord et 15° 20′ de longitude à l'est du méridien
de Paris. La température sur la côte septentrionale des
Spitzbergen, dans l'intervalle du 17 au 28 juillet, avec des
vents d'est, fut en moyenne de 2°,7 centigrades pour l'air,
de 0°,3 pour la mer à la surface. Par un temps calme et
par un beau soleil, la température moyenne pour le 29 et
le 30 juillet s'éleva à 10° pour l'air et à 2°,8 pour la mer
à l'intérieur de la baie Sorge.

Tout le mois d'août se passa dans la partie inférieure du
canal de Hinlopen. M. Smith eût désiré aller de là à la terre
de Wiche — König-Karl-Land de M. de Heuglin, — mais
l'état des glaces du côté de l'est l'arrêta du 15 au 30 août
près de Thumb Point. Il reprit le chemin du nord, après
avoir aperçu cette île de loin, à l'orient, avec des apparences
d'eau libre dans son voisinage. En moyenne, la température
de l'air avait été, pendant ces derniers temps, de 1°,8; celle
de l'eau, 0°,2. La partie inférieure du canal de Hinlopen est
disposée de manière à former une sorte de réceptacle pour
les glaces, qui s'y accumulent comme dans un entonnoir
en venant de l'est et du nord-est. Malgré les glaces flottantes
de la partie supérieure du canal de Hinlopen, on le remonta
rapidement à force de voiles, de manière à faire environ
100 milles marins en un seul jour. Le 1er septembre à
midi, M. Smith se trouvait déjà par 80° 20′ de latitude, près
du cap septentrional de l'île Basse. Le 6, il arrive par
80° 27′ de latitude nord et 25° 5′ de longitude est, soit quatre
degrés plus à l'orient que les expéditions suédoises ou que
tous les itinéraires connus dans cette direction. En ce point,
on vit des « eaux libres aussi loin que portait le regard »
et suivant toute apparence la mer devait être ouverte aussi
dans la direction du sud-est.

MM. Payer et Weyprecht atteignirent leur point extrême
vers le nord le 1er septembre. Le capitaine Ulve et M. Smith
se trouvèrent cinq jours après à 200 milles seulement de ce

point, avec une latitude supérieure de près de deux degrés.
Les conditions de la navigation étaient tellement favorables
qu'un navire à vapeur aurait aisément franchi en un jour
la distance entre les stations extrêmes des deux expéditions.
Bien plus, le 11 septembre, le *Samson*, après avoir repassé à
l'ouest et au nord-ouest, en longeant les Sept-Iles, atteignit
la latitude de 81° 24′, en sorte que l'océan Glacial fut trouvé
navigable à plus de trois degrés de latitude au delà de la
limite extrême de l'expédition autrichienne en 1871. Près
des Sept-Iles il y a des glaces flottantes assez serrées.
Entre l'île Ross jusqu'à 81° 24′ de latitude nord et 16° 15′ de
longitude ouest, la mer fut complétement libre. Sans de
violentes tempêtes de l'ouest, MM. Smith et Ulve auraient
aisément pu continuer leur navigation vers le nord à travers des glaces flottantes en petits fragments, même sans le
secours de la vapeur. Par 81° 20′ de latitude, on observa,
le 11 septembre, une température de 1°,1 à la surface de la
mer, contre 5°,6 centigrades à 300 brasses de profondeur.
L'eau avait une couleur bleue. L'expédition poussa ensuite
d'un trait à deux degrés vers le sud jusqu'au cap Petermann, pour jeter l'ancre dans la baie Wijde, par 79° 13′ de
latitude, le 12 septembre. Malgré des vents violents soufflant
de l'ouest-nord-ouest, du nord-nord-ouest, pas un indice de
glace ne se montra durant ce trajet. En conséquence, les
glaces flottantes du grand courant polaire devaient se trouver
plus à l'ouest. Pendant ces deux jours, la température
moyenne de l'air ne dépassa pas — 3°,0, celle de l'eau étant
de 1°,7 à la surface. Entre 73° et 70° de latitude, du 22 au
24 septembre, la mer marqua encore à la surface de 6 à
8 degrés. Le 27 septembre, le *Samson* rentra à Tromsœ.

La géographie doit au voyage de MM. Smith et Ulve d'a-
voir démontré par des observations exactes que la terre
du Nord-Est, du groupe des Spitzbergen, atteint une largeur
de 10° 30′ de longitude au lieu de 7° 30′ comme sur les
cartes antérieures. Nous avons indiqué cette extension sur

la carte où nous avons esquissé les itinéraires suivis dans la
mer à l'est des Spitzbergen, dans le courant de l'année 1871.
Par suite de ces observations, l'ensemble du groupe des Spitzbergen se trouve sensiblement modifié. Sur les anciennes
cartes, depuis celle de van Keulen jusqu'à celle de Scoresby,
la terre du Nord-Est apparaît seulement comme une île
étroite avec six degrés à peine de largeur en longitude.
En 1861, M. Torell et les membres de l'expédition suédoise
étendirent la côte orientale de l'île d'un degré et demi vers
l'est. Cependant, bien que le tour complet de cette terre fût
accompli déjà à plusieurs reprises, personne ne détermina
sa véritable extension avant les observations de M. Smith
et du capitaine Ulve en 1871. Or le développement de trois
degrés plus à l'est est d'autant plus certain qu'il a été
constaté à deux reprises pour les côtes septentrionales et
pour les côtes méridionales. D'abord le capitaine Ulve constata le 9 août, en débarquant au cap Torell, que la terre
du Nord-Est, au lieu de se recourber vers le nord-est, près
du cap de Lindeman, forme là tout simplement une baie,
pour dessiner au delà « un grand promontoire bas », et
figure ensuite une baie nouvelle avec des glaciers au fond.
La côte remonte vers le nord après cette troisième baie seu-
seulement, d'après des mesures prises le 19 août, du haut
d'une montagne de 400 mètres d'élévation, près de Thumb
Point. M. de Heuglin, d'après une note du Dr Petermann,
imprimée page 106 des *Géographische Mittheilungen* de
mars 1872, croit avoir remarqué, en 1870, que la côte de la
terre du Nord-Est s'étendait peut-être à l'est du cap Torell
jusqu'aux environs de 25° de longitude orientale de Greenwich, « sous forme d'un promontoire insulaire ». En second
lieu, MM. Smith et Ulve s'avancèrent au nord de la terre
du Nord-Est, le 6 septembre 1871, de quatre degrés plus à
l'est que le point atteint par M. Torell le 14 août 1861, et
fixé d'après des mesures astronomiques par 80° 25' de latitude nord et 23° 35' à l'est du méridien de Greenwich. « La

pointe nord-est de la terre du Nord-Est, d'après différentes mesures, se trouve par 80° 10′ de latitude nord et 28° 8′ de longitude à l'est de Greenwich, selon plusieurs observations » du capitaine Ulve. Comme M. de Heuglin et le comte Zeil ont simplement revu en 1870 l'île de Wiche — baptisée sans motif sérieux du nom nouveau de König-Karl Land sur les cartes allemandes, déjà reconnue par les Suédois en 1864, — l'extension de la terre du Nord-Est de trois degrés plus à l'est, démontrée par MM. Smith et Ulve, doit être considérée comme une des acquisitions les plus considérables de la géographie arctique pendant les vingt dernières années.

Les observations du capitaine Ulve sur la température de la mer, continuées sur toute l'étendue de son itinéraire, ont aussi pour nous un intérêt considérable. Leur comparaison fait ressortir une différence frappante entre les résultats obtenus au nord des Spitzbergen, puis au sud et à l'ouest. Les observations recueillies dans le nord, par 81° 30′ de latitude, le 21 septembre, indiquent une augmentation considérable de la température de la mer avec la profondeur. Celles prises dans le sud et l'ouest, entre 73° et 79° de latitude, dans l'intervalle du 26 juin au 10 juillet, montrèrent, sauf une seule exception au milieu d'un puissant amas de glaces flottantes, une diminution manifeste avec la profondeur. Ce résultat concorde avec les observations de MM. Weyprecht et Payer. Peut-être cette diminution frappante de la température de la mer jusqu'à 300 brasses de profondeur tient-elle à la grande profondeur de la mer au nord des îles Spitzbergen : l'expédition suédoise de 1868 sonda 1340 brasses tout près du point où le capitaine Ulve fit descendre ses thermomètres à 300 brasses de profondeur. Voici d'ailleurs les résultats de quelques-unes de ces observations du capitaine Ulve :

1871	LATITUDE NORD.	LONGITUDE EST DE P.	TEMPÉRATURE DE LA MER.		
26 juin.	74° 38'	24° 37'	à surface	+	0°,4
id.	id.	id.	à 35 brasses	+	1°,1
id.	id.	id.	à 100 »	+	1°,9
id.	74° 11'	21° 37'	à surface	+	3°,1
id.	id.	id.	à 225 brasses	+	0°,6
30 juin.	74° 0'	19° 0'	à surface	+	3°,0
id.	id.	id.	à 100 brasses	+	3°,6
id.	id.	id.	à 160 »	+	0°,6
1 juillet.	73° 27'	18° 1'	à surface	+	4°,5
id.	id.	id.	à 100 brasses	+	1°,7
id.	id.	id.	à 250 »	+	0°,6
5 juillet.	75° 0'	10° 55'	à surface	+	5°,7
id.	id.	id.	à 100 brasses	+	0°,3
id.	id.	id.	à 265 »	+	1°,1
6 juillet.	75° 46'	10° 38'	à surface	+	6°,0
id.	id.	id.	à 100 brasses	+	1°,1
id.	id.	id.	à 250 »	+	0°,6
7 juillet.	77° 15'	10° 50'	à surface	+	4°,9
id.	id.	id.	à 100 brasses	+	1°,7
id.	id.	id.	à 300 »	+	0°,4
10 juillet.	78° 48'	7° 40'	à surface	+	3°,8
id.	id.	id.	à 50 brasses	—	0°,8
id.	78° 49'	7° 19'	à surface	+	3°,8
id.	id.	id.	à 75 brasses	—	0°,8

J'emprunte ces données au tableau publié par le Dr Petermann dans les *Geographische Mittheilungen* de mars 1872,
page 103, d'après le journal original du capitaine Ulve.
Elles se rapportent à la mer au sud et à l'ouest des Spitzbergen. Dans le nord, par 80° 20' de latitude et 16° 22' de
longitude est de Paris, le capitaine Ulve observa, comme
nous l'avons vu plus haut, le 11 septembre, + 1°,1 à la surface et + 5°,6 à 300 brasses de profondeur. Le capitaine
T. Torkildsen, qui fit également un voyage dans les mers
des Spitzbergen, du 26 juillet au 26 novembre 1871, en rap-
porta les observations suivantes sur la température de la
mer :

1871	LATITUDE NORD.	LONGITUDE EST DE P.	TEMPÉRATURE.		
1 août	76° 34′	13° 32′	à surface	+	2°,8
id.	id.	id.	à 39 brasses	+	1°,8
id.	76° 38′	13° 29′	à surface	+	2°,2
id.	id.	id.	à 39 brasses	+	1°,8
id.	76° 39′	13° 23′	à surface	+	1°,8
id.	id.	id.	à 26 brasses	+	1°,8
2 août	76° 45′	13° 16′	à surface	+	3°,0
id.	id.	id.	à 14 brasses	+	2°,0
id.	76° 45′	13° 20′	à surface	+	3°,0
id.	id.	id.	à 14 brasses	+	2°,2
id.	76° 44′	13° 20′	à surface	+	3°,0
id.	id.	id.	à 12 brasses	+	2°,3
id.	76° 51′	13° 5′	à surface	+	2°,6
id.	id.	id.	à 13 brasses	+	2°,8
id.	76° 54′	13° 5′	à surface	+	2°,6
id.	id.	id.	à 18 brasses	+	2°,8
id.	76° 53′	12° 44′	à surface	+	3°,0
id.	id.	id.	à 47 brasses	+	2°,0
4 août	78° 8′	10° 19′	à surface	+	6°,7
id.	id.	id.	à 47 brasses	+	4°,9
8 août	78° 32′	9° 6′	à surface	+	5°,4
id.	id.	id.	à 18 brasses	—	1°,5
id.	id.	id.	à surface	+	5°,6
id.	id.	id.	à 18 brasses	—	0°,8
id.	id.	id.	à surface	+	6°,0
id.	id.	id.	à 17 brasses	—	1°,2
9 août	78° 59′	9° 0′	à surface	+	5°,5
id.	id.	id.	à 20 brasses	+	3°,2

Entre les observations du capitaine Torkildsen et celles du capitaine Ulve, la concordance est remarquable. Le capitaine passa dans la baie de la Croix (Cross-bay) dans l'intervalle du 10 août au 15 septembre. Dans cet intervalle, la température moyenne de la mer en ce point fut 5°,7 et celle de l'air 7°,5 centigrades, par 79° 8′ de latitude. Lors du retour, le 16 septembre, la température de la mer sur la côte occidentale des Spitzbergen fut en moyenne de 1°,4, jusqu'au cap Sud, par 76° de latitude, celle de l'air étant — 0°,6. Au sud des Spitzbergen, la température de la mer se releva rapidement, marquant 6° par 73° 30′ de latitude, et 7° par 72° 30′ de latitude, le 23 septembre.

III

En proposant la mer de Kara et les eaux qui baignent l'île
de Nowaja-Semlja comme une voie nouvelle pour les explorations polaires, j'ai décrit l'itinéraire des navigations des
capitaines Carlsen et Johannesen dans une communication
faite à la séance de l'Académie des sciences du 25 avril 1870
et dans une note insérée au *Bulletin de la Société de géographie* du mois de juillet de la même année. Avant les voyages
de M. Johannesen en 1869, la mer de Kara avait une réputation sinistre. On l'appelait la *glacière du monde*, funeste
aux marins et remplie de glaces éternelles. Rien ne jus-
tifie en réalité ce triste renom. Une mystification que nous
ne voulons pas qualifier l'explique seule. Depuis les courses
des baleiniers et des pêcheurs norvégiens en 1869, les
voyages se sont multipliés dans la mer de Kara. Des flottes
entières la visitent chaque année maintenant. Si les glaces
en encombrent les abords du côté de l'Europe au commencement de l'été, ces glaces disparaissent plus tard et
livrent passage aux navires.

Le capitaine E. H. Johannesen traversa, en 1869, à deux
reprises la mer de Kara tout entière sans y trouver de
difficulté, et y accomplit un périple complet. L'année sui-
vante, en 1870, soixante navires norvégiens se rencontrèrent
dans les parages de Nowaja-Semlja. Une expédition russe y
parut aussi sous la conduite du prince Alexis Alexandro-
witch, accompagné de M. de Middendorff, l'auteur de l'un
des meilleurs ouvrages que nous possédions sur les régions
polaires. Entre autres travaux, cette expédition fit des observations du plus vif intérêt sur la température des mers
et qui confirment les inductions du Dr Petermann sur l'extension d'une branche du Gulf-stream jusqu'aux abords de
Nowaja-Semlja. Les eaux de la mer de Kara ne présentèrent
pas en 1870 une navigation moins favorable qu'en 1869. Il

y a donc chaque année une fusion complète ou à peu près complète de toutes les glaces dans cette mer vers la fin de l'été. Dès le commencement de juillet on peut y pénétrer par l'un ou l'autre de ces trois détroits, et il n'y a pas formation de glaces nouvelles avant septembre. Tous ces faits ont été vérifiés en 1871, pendant une troisième campagne. Nous allons analyser brièvement les résultats des courses entreprises dans la mer de Kara et autour de Nowaja-Semlja durant cette campagne, d'après les journaux et les rapports originaux communiqués au recueil géographique de Gotha.

Parmi les pêcheurs norvégiens qui visitèrent cette partie de la zone polaire, le capitaine Mack y a paru le premier. Il partit de Tromsœ le 22 mai, passa le même jour le cap Nord, et se trouva le 25 mai près de la barrière des glaces de Kolgujew, par 71° 12′ de latitude nord et 43° de longitude orientale de Paris. Comme les Norvégiens font la chasse ou la pêche au milieu des glaces, leurs navires s'approchent nécessairement de celles-ci au lieu de les éviter. Les glaces de Kolgujew, à l'arrivée du capitaine Mack, avaient trois pieds d'épaisseur; elles étaient compactes. La température de l'air s'abaissa dans leur voisinage de 8° à 0° centigrades. celle de la mer à la surface, de 4° à 0°. Dans les derniers jours du mois de mai, le thermomètre s'abaissa encore maintes fois au-dessous de 0° dans l'eau et dans l'air. Profitant des passes ouvertes au milieu des glaces, le capitaine Mack continua à se diriger vers Nowaja-Semlja, qu'il trouva libre de glace jusqu'à une distance de 80 milles des côtes. Il entra le 14 juin dans le détroit de Kara, mais pour revenir aussitôt en arrière, parce qu'une nappe de glace continue et compacte de six à sept pieds d'épaisseur couvrait encore la mer intérieure. Remontant le long de la côte occidentale de Nowaja-Semlja, il atteignit le 2 juillet le cap Nassau. Sur tout ce parcours, la glace avait disparu jusqu'à 500 milles des côtes. C'est à peine si l'on vit quelques glaçons au nord de la presqu'île de l'Amirauté, par 75° 30′ de latitude. Sur les

les de la baie de la Croix — différente de la baie de même
nom des Spitzbergen, — des renoncules, des myosotis et
d'autres fleurs étaient en plein épanouissement le 28 juin,
malgré des chutes de neige récentes. La température de l'air
à cette date s'élevait à 8° ; celle de l'eau à 1°,2.

Tout le mois de juillet se passa près des îles du Gulf-
stream, à l'est du cap Nassau, par 62° de longitude orientale.
Pendant tout ce temps, les glaces flottantes couraient au
nord-est, souvent avec une grande vitesse et avec des vents
du sud-ouest. Le 9 juillet, la température de l'air s'éleva
à 10°, et le 21 juillet à 17°, avec une moyenne de 3°,8 pour le
mois entier. Sous l'influence de cette température, les dernières glaces de fond, le long du littoral, disparurent rapidement tant au-dessous qu'au-dessus du niveau de l'eau. On
conclut de la découverte de différents ustensiles de pêche
employés sur la côte de Norvége, mais surtout à la suite de
la trouvaille de graines d'*Entada gigalobium*, originaires des
Antilles, à l'extension du Gulf-stream jusqu'aux rivages du
groupe d'îles de ce nom au nord de Nowaja-Semlja! Ces
îles, dont l'une a reçu le nom de M. de Hellwald, le savant
directeur de l'*Ausland* de Stuttgard, se sont élevées tout ré-
cemment au-dessus du niveau de la mer. En comparant les
itinéraires des marins hollandais, de 1594 à 1597, aux relevés
faits en 1871 par les Norvégiens, nous trouvons qu'il y a
trois siècles et même moins, un banc de sable à 18 brasses
de profondeur existait à la place des îles actuelles. Lors de
la croisière de l'expédition hollandaise, ce banc de sable fut
découvert et mesuré : on constata, le 27 juillet 1594, entre
lui et la côte de Nowaja-Semlja, une profondeur de 50 à 60
brasses. M. Petermann a encore indiqué ces sondages sur
la planche 5 des *Geographische Mittheilungen* de 1871. Le
soulèvement de ces îles à une hauteur de 100 pieds en
moins de trois siècles est un fait intéressant pour l'histoire
du globe. J'ai indiqué, dans un travail antérieur sur les régions polaires, des soulèvements non moins considérables

aux îles Spitzbergen (1). Dans le journal du capitaine Mack, les îles du Gulf-stream « se trouvent à six milles marins au nord de la côte de Nowaja-Semlja. Elles consistent en sable et en pierres, entièrement chauves et sans aucune trace de végétation. Il y a des coquilles pétrifiées dans toutes les parties fermes de la surface. »

A la date du 3 août, le navire de Mack quitta les îles du Gulf-stream et se trouva, le 4, près du cap Mauritius, à l'extrémité de Nowaja-Semlja. On ne vit point de glace jusque-là; mais à l'entrée de la mer de Kara des champs de glace étendus, amenés au moment où dominaient les vents d'est, forcèrent le capitaine Mack à se rapprocher de la côte de Nowaja-Semlja, le long de laquelle la mer resta libre. Un peu plus au sud, jusqu'à 76° de latitude, il y eut beaucoup de glaces flottantes jusqu'à la fin d'août; mais elles disparurent complétement vers cette époque. Une observation intéressante faite entre 76° et 77° de latitude fut celle du passage de baleines blanches allant vers l'est. On trouva aussi dans la baie Barents, des boules de verre qui servent de flotteurs aux pêcheurs sur les côtes de Norvége, et qui ont été amenées par les courants dans ces parages. Sans aucun doute le Gulf-stream est pour quelque chose dans le transport de ces objets; mais leur voyage ne s'effectue probablement pas toujours par la voie la plus courte, et l'influence des vents, sur la surface de la mer contribue aussi à leur dissémination. Le 29 août, il y avait encore des glaces flottantes près de la côte de Nowaja-Semlja : elles allaient à l'est-nord-est ou au nord-ouest, tandis que la mer de Kara semblait libre dans la direction du sud. Quand, le 6 septembre, on fit voile à l'est, la mer apparut à peu près complétement libre de glace. A l'horizon non plus il n'y avait pas de reflet glaciaire. « Je ne comprends pas, dit le journal, ce qu'est devenue la glace qui était encore ici le 24 août;

(1) Ch. Grad, *Esquisse physique des îles Spitzbergen.* Paris, 1866.

il doit y avoir ici un fort courant. » La température de
l'air s'élevait à 4°,5; celle de la mer à 3°, par 69° 38′ de
longitude orientale. Après avoir dépecé le produit de ses
prises au cap Hooft, le capitaine Mack poussa encore dans
l'Océan sibérien jusqu'à 80° 10′ de longitude est et 75° 25′ de
latitude nord, sans plus voir ni glace flottante ni reflet des
glaces, avec une température de l'air de 6° et une température de la mer de 6°,7 le 12 septembre. Volontiers le
hardi marin se serait avancé jusqu'à l'embouchure de la
Pjasina. Mais ayant lu dans l'ouvrage de M. de Middendorff
que ce fleuve et d'autres rivières de la Sibérie gelaient déjà
au commencement de septembre, craignant d'ailleurs de
prolonger trop sa navigation pendant des nuits de plus en
plus longues, au milieu d'une mer inconnnue, sans carte
sûre et avec un approvisionnement très-réduit, il trouva
prudent de revenir en arrière. Cette résolution lui coûta
cependant, car « dans la direction des côtes de Sibérie on
ne voyait pas de glace, rien que des eaux libres. » Dans la
direction du nord, il n'y avait non plus de glace jusqu'à
77° de latitude. Le 17 septembre seulement, on trouva
quelques glaçons flottants dans la mer de Kara, accompagnés de glace fraîche de 2 pouces d'épaisseur, que du reste
la force du vent brisa et fit disparaître bientôt. Le retour
s'accomplit par le milieu de cette mer et le détroit de Jagor.
Pendant la traversée de la baie de Barents au détroit de Jagor, à travers la mer de Kara, la température oscilla, dans
l'intervalle du 15 au 25 septembre, entre 5° et — 3° pour
l'air, entre 2°. et — 1°,5 pour l'eau. Le 8 octobre, le capitaine Mack était de retour à Tromsœ.

Avec le capitaine Mack nous voyons, dans les parages de
Nowaja-Semlja et la mer de Kara, pendant le même été, les
trois frères E. H., H. Ch. et Sören Johannesen, puis les baleiniers Tobiesen, Isaksen, Dörma, Simonsen et Carlsen,
dont M. Petermann a publié ou analysé les rapports avec
celui de l'expédition de l'armateur allemand Rosenthal. Le

capitaine E. H. Johannesen passa le mois de juillet près des
îles d'Orange, à l'extrémité orientale de Nowaja-Semlja, et
trouva le port Russe, à l'est du cap Nassau, *encore libre de
glace à la date du 15 octobre*, tandis qu'il avait trouvé en-
combré le détroit de Matotchkin le 9 août, le détroit de
Kara le 26 août, et le détroit de Jagor le 31 août. Aucun
navire à notre connaissance ne passa la mer de Kara par le
détroit de Matotchkin en 1871 ; mais le détroit de Kara fut
franchi par le capitaine Carlsen le 3 octobre, par le capitaine Sören Johannesen le 28 septembre, tandis que le capitaine Mack, comme nous l'avons vu, sortit de la mer
de Kara par le détroit de Jagor le 25 du même mois.
Si les glaces encombrent encore parfois les passes de la
mer de Kara à la fin de l'été, elles ne persistent pas constamment et s'ouvrent tôt ou tard pour quiconque a la
patience d'attendre le moment propice. Outre le capitaine
Mack, la mer de Kara fut traversée en 1871 par Sören Johannesen dans toute son étendue dans le courant de septembre, ainsi que par le capitaine Carlsen. La navigation
de Sören Johannesen, qui franchit la mer de Kara d'un seul
trait en huit jours, montre que la masse de glace suivie
par Mack dans la direction du sud du 18 au 22 septembre,
consista en fragments faciles à traverser même à la voile.
D'un autre côté, le journal du capitaine Isaksen, tenu avec
soin, montre mieux que tous les autres que, sauf quelques bandes de glaces flottantes, la côte de Nowaja-Semlja
était complétement libre dans la direction du nord vers la
fin de juin. Le capitaine Dörma nous a rapporté une bonne
esquisse de l'extrémité nord-est de Nowaja-Semlja, avec de
nombreuses déterminations astronomiques. Le capitaine
Simonsen pénétra à l'intérieur des glaces de Kolgujew l
30 mai et y passa tout le mois de juin, trouvant, d'après des
observations répétées six fois par jour, une température
maximum de 14° pour l'air, de 1°,3 pour la mer à la surface, une température minimum de — 1°,6 pour l'air et de

— 1°,0 pour la mer, dans le courant de ce mois. Après avoir
passé le mois de juillet dans les glaces du détroit de Kara
et du détroit de Jagor, Simonsen vint chasser les morses,
pendant le mois d'août, entre ce dernier détroit et la pé-
ninsule des Samoyèdes, jusque par 72° 14′ de latitude nord
et 65° de longitude est de Paris. Ses observations sur la réduction graduelle des glaces, à l'est du détroit de Jagor et
dans la direction de l'embouchure de l'Obi, vers le nord-est,
comparées à la marche de la température, sont importantes.
Pendant le mois d'août, la température de l'air au sud de
70° de latitude, fut de 4° centigrades; entre 70° et 71° de
latitude 4°,0, 5°,9, 5°,5, 5°,6 et 2°,8; entre 71° et 72° de latitude, 6°,1, 6°,1, 6°,5; au nord de 72° de latitude 8°,9. Quant
à la température de la mer, elle oscilla entre 0° et 3° dans ces
parages. A l'intérieur du détroit de Jagor, les glaces ne disparurent pas complétement en 1871. Même le navire du
capitaine Simonsen y échoua sur un banc, à la suite d'une
tempête, le 14 septembre, sans toutefois que l'équipage et
les papiers se perdissent.

Les pêcheurs norvégiens qui ont parcouru les mers de
Nowaja-Semlja n'y sont pas venus dans un but purement
scientifique; mais la plupart rapportent de leurs courses
des observations recueillies avec soin et d'un grand intérêt
pour la géographie de cette région, cela grâce aux efforts
persévérants et aux instructions de M. Mohn, l'éminent directeur de l'Institut météorologique de Christiania. Le navire de l'armateur allemand M. Rosenthal, à bord duquel se
trouvait M. de Heuglin, l'explorateur des pays du Nil, qui
fit aussi en 1870 un intéressant voyage aux îles Spitzbergen, ne réussit pas à pénétrer dans la mer de Kara, à cause
des glaces, ni par le détroit de Matotchkin ni par ceux de
Kara et de Jagor, où passèrent cependant les Norvégiens.
M. de Heuglin et son compagnon M. Stille firent cependant
des observations et des relevés bien intéressants sur ces
bords du détroit de Matotchkin dans le courant du mois

d'août. On connaît ces relevés par les rapports et les cartes publiés dans le recueil des *Geographischen Mittheilungen* de 1872. L'expédition allemande, trop tôt découragée par l'état des glaces, reprit le chemin de l'Allemagne dès le 9 septembre, tandis que les navires norvégiens parcoururent encore facilement ces parages six semaines plus tard.

Ainsi le capitaine Elling Carlsen, qui accompagne actuellement la grande expédition autrichienne, se trouvait encore dans la mer de Kara, par 72° 25′ de latitude, à la date du 30 septembre. Ce hardi marin fit le tour entier de Nowaja-Semlja. Il quitta Hammerfest, en Norvége, le 22 mai, et rencontra, le 16 juin, près de Kanin-Noss, deux navires dont l'un avait déjà abattu mille morses et l'autre cinq cents. Il atteignit la côte de Nowaja-Semlja le 9 juillet, près de l'île Meshduscharrskij, s'avança ensuite au nord jusqu'à 77° 5′ de latitude et 58° de longitude ouest, pour revenir, le 28 juillet, au cap Nassau. Le journal du voyage indique beaucoup de pluie vers la mi-août près de Hooft-Hoek, à l'extrémité nord-est de la grande île. On continua à tuer des phoques, des morses, des ours. Se trouvant, le 9 septembre, un peu plus au sud, près du cap Alexis, le capitaine Carlsen aperçut à terre une maison en planches, en partie effondrée. C'était la cabane où Barents et l'expédition hollandaise de 1596 à 1597 avaient passé l'hiver. Des restes, des reliques nombreuses consistant en ustensiles de diverses sortes, en armes, en livres, parmi lesquels un exemplaire en parfait état de conservation de la description de la Chine de Mendoza, en langue hollandaise. Cette expédition de Barents et de Heemskerck était partie à la recherche d'une route plus courte pour la Chine par les mers au nord de l'Europe. M. Édouard Charton en a publié la relation dans son recueil des Voyageurs anciens et modernes (1). La position du lieu d'hivernage des Hollandais

---

(1) Charton, *Voyageurs anciens et modernes*, t. IV, p. 116. Paris, 1857.

se trouve par 76° 7' de latitude nord et 61° 14' est de Paris,
.au bord de la baie des Glaces, sur la côte orientale de Nowaja-Semlja. Pour rentrer en Norvége, le capitaine Carlsen
traversa la mer de Kara du 14 septembre au 3 octobre, non
sans avoir à lutter contre des glaces flottantes anciennes
et des glaces fixes nouvelles, qui commencèrent à se former
au milieu de septembre.

IV

Considérons-nous maintenant l'ensemble des résultats
acquis pendant cette dernière campagne par toutes les navigations dans l'océan Glacial, nous nous voyons en présence d'observations plus complètes que celles de toutes
les années antérieures sur l'état des glaces et la température des diverses parties de cette zone. Tout d'abord les
témoignages isolés des différentes expéditions semblent en
contradiction formelle. Rien de contradictoire en apparence comme les assertions de M. Lamont, arrêté par les
glaces sur les côtes des îles Spitzbergen, et les découvertes
du capitaine Ulve dans les parages de la terre du Nord-Est,
puis la brillante course de MM. Payer et Weyprecht dans
la mer inexplorée à l'est jusqu'à 79° nord, au milieu d'eaux
libres, sans obstacle entre cette latitude élevée et la côte
de Nowaja-Semlja. Nées de la généralisation prématurée
des expériences individuelles isolées, ces divergences disparaissent par la comparaison des observations différentes
dès que nous embrassons l'ensemble des faits acquis. Un
fait, une observation, une expérience unique, quelles que
soient son exactitude et l'autorité dont elle émane, ne peut
s'ériger en loi ni fixer l'état de la science. La science et les
lois du monde physique dérivent de l'étude attentive des
faits de détail aussi nombreux que possible considérés dans
leur ensemble sans exclusion.

Or l'océan Glacial apparaît sous des conditions bien va-
riables selon les récits divers de ses explorateurs. Déjà le

climat des îles Spitzbergen nous a été décrit avec un caractère bien différent par les membres des expéditions suédoises et par Scoresby, dont les observations sur cette région méritent cependant une égale attention. Tandis que Scoresby, dans son excellent livre sur la zone arctique — *Account of the Arctic Regions*, I, p. 135, — dépeint le climat des îles Spitzbergen comme « plus désagréable sans aucun doute pour la santé du corps que toute autre contrée découverte jusqu'à présent », les savants suédois ne craignent pas d'affirmer que « la terre n'offre pas de climat plus salutaire en été ». Pendant les trois voyages faits aux Spitzbergen par les expéditions suédoises, « aucun cas de diarrhée, de catharre, de fièvre ou de toute autre maladie ne s'est présenté à bord des vaisseaux de l'expédition... En conséquence, nous ne serions pas étonnés si les médecins envoyaient quelque jour leurs malades dans l'extrême nord pour y trouver la santé et des forces nouvelles. »

Les conclusions de M. Payer et de M. Lamont sur l'état des glaces dans l'océan Polaire ne diffèrent pas moins que l'appréciation du climat des Spitzbergen par les Suédois (1)

---

(1) Pour compléter les détails que j'ai donnés sur le climat dans mon *Esquisse physique des îles Spitzbergen* en 1866, j'emprunte les passages suivants à la relation de l'expédition suédoise de 1861 sur la côte septentrionale, par 80° de latitude. Dans la baie Sorge, dit M. Torell, « l'été s'approchait à grands pas, car le mois de juin est le printemps des Spitzbergen. Le soleil montait de plus en plus haut, et ses rayons n'étaient nullement dénués de force. La neige commença d'abord à se ramollir, elle s'imprégna d'eau ensuite et disparut complétement par places. Peu à peu les lagunes prirent leur caractère estival et se changèrent en petits lacs d'eau douce. Sur les collines de la croix d'Aeolus et sur le promontoire bas près des tombeaux, les seuls points déjà libres de neige à notre arrivée, la *cochlearia fenestrata* et le saule polaire commencèrent à ouvrir leurs bourgeons le 11 juin. Le 22, nous cueillîmes la première fleur de *saxifraga oppositifolia*, un signe que le soleil d'été avait enfin vaincu l'hiver; mais le 26 fleurirent les *draba alpina, cochlearia, cardamine bellidifolia* et *saxifraga cernua*, puis çà et là des *oxyria* et des saules auxquels se joignit, au commencement de juillet, *cerastium alpinum*. Non-seulement la neige, la glace,

et par Scoresby. M. Lamont est un hardi sporstman écossais, bien connu par ses expéditions de chasse et de pêche dans les mers du nord. En 1871, après une tentative infructueuse pour atteindre avec un excellent yacht à vapeur la côte orientale du Groenland, par 75° de latitude, ce

les plantes ressentirent l'influence croissante du soleil, mais le règne animal fut aussi rappelé par lui à une vie nouvelle. De petits podures sautillaient gentiment sur la neige ; dès le 7, nous trouvâmes sur le mont Hécla, à plus de 1500 pieds au-dessus de la mer, de nombreuses mouches, et, le 21, nous prîmes près de la croix d'Aeolus des diptères, qui à vrai dire, pouvaient à peine s'élever de quelques pieds au-dessus du sol. Par intervalles on rencontrait quelques petites araignées et une espèce de ver qui vivait dans le sol ramolli et qui ressemblait à nos vers de pluie. — Pendant tout notre séjour dans la baie, le thermomètre se trouvait le plus souvent au point de congélation ; après le 22 juin, il ne descendit plus au-dessous. Une fois il s'éleva même au soleil à 15° centigrades. La température moyenne de juin — y compris les jours froids pendant lesquels nous croisâmes au commencement du mois devant Red-bay — donna, d'après 305 observations faites sur l'Aeolus, + 1°,7 centigrades.

» L'échauffement de l'air, le dégel du sol, la fonte de la neige, la débâcle des glaces dans la baie et sa fusion sur les bords, tout cela fut le résultat du soleil toujours levé, qui atteignait à midi une hauteur de 30 degrés au-dessus de l'horizon. L'eau aussi, quoique remplie d'énormes masses de glace, indiquait une élévation de température remarquable. Tandis que pendant la première semaine elle s'était tenue au-dessous du point de congélation et s'abaissait même à — 1°,5, elle éleva sa température au-dessus de 0°, et atteignit même par moments 2°,6, en sorte que les glaçons flottants dans l'eau fondaient sensiblement et par suite lui prenaient de la chaleur.

» Avec le commencement de juillet, l'été se déclara à son tour, cela avec une rapidité tellement étonnante que les habitants de contrées plus méridionales auraient de la peine à s'en faire une idée. La neige, qui dans les derniers jours de juin couvrait encore monts et vallées, ainsi que la glace à l'intérieur de la baie, paraissait pouvoir défier par sa puissance la faible température de l'été arctique. Mais nous fûmes bientôt témoins de la manière dont le soleil peut opérer des miracles même par 80° de latitude, et rappeler à la vie la nature endormie avec sa baguette magique. Le bord des masses de glace, miné par la houle et par le gonflement des vagues, se rompit et se précipita dans la mer. La glace de fond fut rongée et dévorée par les flots et par les rayons solaires ; elle se partageait en blocs énormes qui s'abîmaient dans les profondeurs avec des craquements énormes. D'heure en heure on pouvait reconnaître comment les surfaces à nu, sur les versants et dans les plaines, gagnaient en étendue. Là où il y a peu de temps on marchait avec des raquettes, mugissaient des torrents voyageur passa aux Spitzbergen, où, selon son expression, il trouva la glace plus mauvaise qu'il ne l'avait jamais vue, à l'extrémité nord comme à la pointe méridionale. Quant à l'idée de se diriger vers la terre de Gillis par l'île Hope, ajoute M. Lamont dans une lettre du 23 août au Dr Peter-

impétueux, entraînant avec eux la terre et les alluvions des terrasses et des versants. Les amas d'eau du pays plat devenaient de plus en plus grands. Ils entravaient les courses et donnèrent à maint d'entre nous un bain involontaire dans l'eau glacée. Les plantes commençaient à se développer promptement, poussaient des feuilles et des fleurs, et la boîte à herborisation fut sortie. En un mot, le printemps avait accompli son œuvre et l'été était présent. La température montait maintenant à 11° à l'ombre, la lumière intense éblouissait nos yeux, le travail au soleil devenait accablant et les couches supérieures de l'atmosphère perdaient leur transparence en se remplissant de vapeur.

» Le promontoire près duquel nous nous trouvâmes s'élève par terrasses au mont Hécla. Débarrassé de sa parure d'hiver, le sol, avec sa surface meuble de débris, de fragments de schiste, de calcaire et d'hypérite, ressemblait à un champ labouré où croissaient seulement quelques touffes parcimonieuses de saxifrage, de draba, de cardamine bellifolia, de cérastium alpinum, ces plébéiens de la flore arctique maintenant en pleine floraison. Près des flaques d'eau de neige on remarquait des maubèches, *tringa maritima*, en petites troupes, cherchant des vermisseaux, çà et là aussi le beau phalarope, picquetant dans l'eau les petites algues encore incomplétement formées. L'un ou l'autre eider venait de pondre ses œufs dans un nid sans art. Au bord, et surtout au débouché des rivières, on remarquait des volées de mouettes, *larus tridactylus*, qui, en compagnie de chevaux marins et d'hirondelles de mer, toujours agitées et bruyantes, mangeaient des limacinées, mollusques qui à cette saison viennent en nombre immense sur les côtes des Spitzbergen et à l'intérieur des golfes, et se tiennent de préférence près de la surface de l'eau, dans le voisinage des torrents issus des glaciers. Les hirondelles de mer s'élançaient d'un vol rapide sur leur proie, pendant que les chevaux marins, nageant sur l'eau, cherchaient en toute tranquillité leur nourriture.

» Sur ces entrefaites, la glace solide était devenue tellement friable, à la date du 15 juillet, que, quand on voulait s'y tenir ferme, on enfonçait brusquement jusqu'à la poitrine. Toute la glace qui se trouvait, du 15 au 17 juillet, à l'ouest de l'île Basse, par 80° 30′ de latitude, et nous avait causé tant de peine, avait maintenant complétement disparu. »

Sur l'île Parry, par 80° 40′ de latitude, l'expédition eut presque constamment à lutter contre la pluie. Il faut donc qu'il y ait eu beaucoup d'eau libre dans ces parages à ces hautes latitudes. A leur tour les montagnes se dégagèrent en grande partie des neiges et des glaces. Même dans la baie mann, « il n'y a pas à y songer, car la glace compacte se trouve là pour toute éternité : *The ice, the main ice, lies there for ever !* » Ainsi s'exprime ce voyageur expérimenté au retour de son dernier voyage. Au moment même cependant où cette lettre était écrite, au moment où elle affirmait l'impossibilité de pénétrer à travers « les glaces éternelles » dans la mer à l'est de l'île Hope, le 1er septembre 1871, MM. Payer et Weyprecht, avec un petit navire à voiles, atteignirent sans difficulté 78° 48′ nord, dans une mer ouverte, pour gagner ensuite la côte de Nowaja-Semlja, sans rencontrer de glace entre cette côte et 78° de latitude. L'ex-

Lomme, cette branche si décriée du canal de Hinlopen, les effets du rapide développement de la température devinrent remarquables. Les chasseurs de l'expédition y tuèrent des rennes magnifiques, qui doivent trouver dans cette région une nourriture abondante. « Parry raconte dans son voyage polaire, dit plus loin M. Torell, que justement en septembre il n'a plus vu de glace dans la baie de Treurenberg et à Cloven Cliff, et qu'il ne considérait pas comme difficile de faire voile à la hauteur des Sept-Iles jusqu'à 82° de latitude. De plus, le capitaine Haugan, du brick *Jan Mayen*, me dit que pendant le mois d'août la glace disparaît on ne sait ni comment ni où elle va ; que la glace côtière fond vite et en peu de temps. Nous pûmes nous en convaincre nous-mêmes, et probablement la force du courant contribue beaucoup à cela. La force du courant est probablement aussi la cause principale de la forte diminution de la glace marine. En effet, l'eau a pendant l'automne une température bien plus élevée. Lors de notre dernière navigation, elle ne s'abaissa jamais au-dessous de 2° centigrades ; le plus souvent elle se tenait au-dessus. Par conséquent dès qu'une mer ouverte et un courant plus chaud entoure les glaçons, leur volume doit diminuer vite. On peut donc admettre qu'à cette époque, non-seulement une expédition peut faire le tour complet des Spitzbergen, mais qu'elle pourrait réaliser encore de belles découvertes avec le concours d'un navire à vapeur. Comme jusqu'à présent toutes les expéditions ne se sont arrêtées que jusqu'au commencement de l'automne, on n'a pas encore d'expérience sous ce rapport. Les baleiniers terminent en général déjà leur campagne dans la première moitié de l'été, et il est très-probable que la baleine du Groenland, qui se tient dans le voisinage des glaces flottantes, monte plus tard plus au nord. »

Malgré cette dernière assertion, on sait que la nouvelle expédition suédoise, qui devait passer le présent hiver dans les Sept-Iles, n'a pu atteindre ce groupe et a dû s'arrêter, en octobre 1872, près de Grey Hook, sur la côte septentrionale des Spitzbergen, à cause du mauvais état des glaces.

pédition de MM. Smith et Ulve s'éleva aussi dans le nord des Spitzbergen à 1° 30′ de latitude de plus que M. Lamont, naviguant, le 11 septembre, « au milieu d'eaux libres jusqu'à 81° 24′ nord et 16° 25′ est de Paris », après avoir été jusqu'à 25° 5′ de longitude est par 80° 27′ de latitude le 6 septembre, « en voyant aussi loin que portait le regard des eaux libres dans l'est et dans le sud ». Du côté du Groenland aussi le capitaine Gray n'hésita pas à soutenir, d'après une lettre publiée page 471 des *Geographische Mittheilungen* de 1871, « que cette année les chances d'arriver à la côte et de la remonter vers le nord ont été aussi bonnes que pendant les années antérieures ». Il ajoute que des passages se sont ouverts du côté du littoral du Groenland de fort bonne heure et bien plus tôt qu'en 1870, et il est convaincu que le Groenland oriental est plus aisément accessible vers le nord qu'au sud de 75° de latitude, à cause de l'influence des vents dominants, de la configuration des côtes. Ainsi, vers la fin de l'été de 1871, l'océan Glacial a été navigable sur la côte orientale du Groenland, tout autour des îles Spitzbergen et de Nowaja-Semlja. Si M. Lamont s'était plus longtemps arrêté dans ces parages, au lieu de se retirer, comme la plupart des baleiniers, dès le commencement du mois d'août, il eût pu pousser avec son navire à vapeur plus loin que tous les autres explorateurs des mers polaires pendant la même campagne. En tout cas, ce voyageur reconnaît, dans une autre lettre au Dᵣ Petermann, datée de Gartmore House, le 16 octobre 1871, la difficulté « de concilier avec avantage la chasse aux morses et aux baleines avec les intérêts de la science ».

Dans toutes les directions les glaces ont fini par présenter des passes et des ouvertures vers la fin de l'été. Au sein du grand courant glacial au nord des Spitzbergen, MM. Smith et Ulve trouvèrent, le 11 septembre seulement, par 81° 24′ de latitude, des glaces flottantes, libres, en petits fragments : toute la glace qu'ils avaient vue quelques semaines auparavant encore par 79° 50′ de latitude, formant des champs à perte de vue, avait complétement disparu. A la limite extrême de leur course, ces voyageurs observèrent une température de 0° pour l'air contre + 2°,2 pour l'eau à la surface. Kane, dans le port de Rensselaer, au nord de l'Amérique, par 78° 37′ nord, soit à trois degrés plus bas que la latitude atteinte par le capitaine Ulve, trouva seulement, le 11 septembre 1853, une température moyenne de — 8°,5 pour l'air; maximum — 6°,8, minimum — 9°,9, et le 11 septembre 1854, une moyenne de — 12°,0 avec des oscillations extrêmes de — 7°,2 et — 16°,5. La température est donc plus élevée dans le nord des Spitzbergen que dans le nord de l'Amérique. D'ailleurs dans la direction suivie par MM. Smith et Ulve, en 1827 Parry trouva par 82° 45′ de latitude seulement, des glaces flottantes constamment dirigées vers le sud-ouest. Sauf dans des canaux étroits et le long de certaines côtes, les glaces fixes manquent donc dans l'océan Glacial chaque été, l'action combinée des courants et du soleil — du soleil dont l'influence atteint son maximum au pôle à cause de sa présence continue au-dessus de l'horizon — produit une immense débâcle au sein des glaces.

Toutes les observations concordent à établir la présence d'eaux moins froides, avec des glaces moins compactes, moins abondantes, moins serrées dans la partie orientale de l'océan Polaire au nord de l'Europe. Scoresby affirme, dans son *Account of the Arctic Regions*, I, p. 312, avoir observé avec son père, le 24 mai 1806, par 81° 30′ de latitude nord et 17° de longitude est de Paris, soit au nord-ouest des îles Spitzbergen, un courant chargé de glace allant à l'est-nord-est, tandis que l'on voyait des eaux libres aussi loin qu'on portait le regard de l'est au sud-est. En 1766, le capitaine Wheatley, se trouvant par 84° 30′ de latitude, rencontre une mer libre et de la houle venant du nord-est. Ce qui indiquait dans cette direction des eaux ouvertes sur

une vaste étendue. Une observation semblable fut faite par le capitaine Clarke en 1773. D'après Barrington et Beaufoy (1), les baleiniers qui se sont approchés, comme Ulve et Smith, des côtes de la terre du Nord-Est, ont souvent trouvé dans ces parages des eaux libres, sans affirmer cependant jusqu'où allait la mer ouverte. Suivant des communications directes faites au docteur Petermann, depuis vingt ans, le capitaine Willis, de Hull, aurait vu, au commencement de mai 1848, par 82° de latitude nord et 13° de longitude est de Paris, une barrière de glace continue au nord et à l'ouest de ce point, tandis qu'à « l'est on voyait seulement des eaux libres, sans glace, aussi loin que pouvait atteindre le regard par un temps clair ». Une autre lettre du docteur Whitworth, adressée au savant promoteur des expéditions allemandes dans la zone polaire, rapporte que le navire baleinier *Truelove*, de Hull, à bord duquel il se trouvait comme médecin, s'avança, en 1837, jusqu'à 82° 30′ de la latitude, entre 10° et 13° de longitude est, « avec une mer ouverte complétement libre de glace ». Enfin, dit le capitaine Gravill, commandant de la baleinière *Abram*, en poursuivant des baleines, « en juin 1845, à l'est des Spitzbergen, je suis arrivé jusqu'à 30 milles marins à l'est-nord-est de l'île Hope, et j'ai trouvé que la glace était là plus légère qu'à l'ouest, atteignant seulement de 4 à 5 pieds d'épaisseur. Les chasseurs de morses de Hammerfest me dirent aussi qu'en septembre la glace disparaissait à l'est des Spitzbergen et que la mer y était libre et sans glace ».

Certaines années, les pêcheurs norvégiens, comme l'affirme la relation de l'expédition scientifique suédoise, arrivent dans les parages de la terre du Nord-Est dès le mois d'avril. La mer est navigable alors pendant six mois consécutifs, jusqu'en septembre. Mais ces années sont exceptionnelles, et nous venons d'apprendre avec regret que la nouvelle expédition suédoise de 1872 n'a pas même pu atteindre,

(1) *The possibility to approaching the North Pole,* p. 65, 159, 239.

l'automne dernier, le groupe des Sept-Iles. Le voyage de
M. Payer, en 1871, confirme bien l'observation du capitaine
Gravill sur la présence de glaces moins puissantes, moins
compactes à l'est qu'à l'ouest de l'île Hope. De son côté,
notre célèbre ami M. Petermann a bien établi dans ses diverses cartes publiées dans les *Geographische Mittheilungen* (1)
depuis plusieurs années, la distinction entre les courants
polaires et les courants de compensation à température
plus élevée venant du sud. Cependant, vers 80° de latitude,
la démarcation entre les courants chargés de glaces serrées
et les courants moins froids n'est pas encore assez sûre ni
assez claire, faute d'observations suffisantes. Mais nous
pouvons assurer dès maintenant que la moitié orientale
du bassin polaire entre le Groenland et le nord de l'Europe
est plus ouverte, plus facile pour la navigation que la partie
occidentale. Puis les grandes îles de cette région, abstraction faite des canaux intérieurs et des détroits resserrés,
les Spitzbergen comme Nowaja-Semlja, présentent des
glaces plus compactes sur leurs côtes orientales que sur
les côtes de l'ouest, à cause de l'obstacle que rencontre la
déviation des courants d'orient en occident sous l'influence
du mouvement de rotation de la terre.

Si nous nous reportons maintenant vers la mer de
Kara, l'expérience des dernières navigations nous montre
que cette mer si malfamée peut être traversée tous les ans.
Les glaces en obstruent souvent l'entrée par les différents
détroits et s'accumulent surtout contre la côte orientale
et méridionale de Nowaja-Semlja, puis dans les baies du
sud-ouest. Partout ailleurs ce bassin ne présente plus guère,
à la fin de l'été, que des glaçons de faible dimension. A la
fin de septembre se forment des glaces nouvelles, mais
atteignant à peine deux pouces d'épaisseur, que le vent
brise facilement et qui disparaissent de nouveau. Si le

(1) *Geographische Mittheilungen*, mars 1872, p. 110.

capitaine Carlsen fut cerné, du 20 au 22 septembre 1871, par des masses de glaces anciennes près de la côte sud de Nowaja-Semlja, par 58° de longitude est, le capitaine Sören Johannesen traversa aisément avec un petit navire à voiles, les glaces fraîches au sud-est de l'île Pachtusow, le 23 septembre. Près des côtes septentrionales de la Sibérie, en face des bouches de l'Obi et de l'Iénisseï, qui rejettent après la débâcle du printemps des quantités de glaces énormes, la mer est complétement libre à la fin de l'été et en automne, car les eaux de ces deux fleuves ont alors une haute température. Dans les Alpes, au milieu de l'Europe, les glaciers sont exposés à une fusion intermittente seulement pendant une partie du jour, tandis que les glaces des hautes latitudes polaires demeurent soumises pendant tout l'été à l'influence dissolvante du soleil toujours présent au-dessus de l'horizon. Si les quantités de glaces formées en hiver sont plus considérables dans les contrées voisines du pôle, l'équilibre se maintient ou se rétablit par une fusion plus active en été.

Les vents, les tempêtes, les courants ajoutent leur action à l'influence du soleil et de la pluie pour la destruction des glaces dans l'océan Glacial. L'action du soleil cependant est prépondérante. Les rayons solaires ont encore, par 80° de latitude, une force considérable déjà remarquée par Scoresby. Scoresby dit avoir vu la poix fondre sur le côté de son navire exposé au soleil, tandis que du côté opposé elle gelait à l'ombre. Les observations sur la température de l'air, que nous avons rapportées dans le courant de cette notice, ont été faites à l'ombre, sauf quand nous avons expressément signalé la température au soleil. La différence entre la température au soleil ou à l'ombre est souvent énorme. A l'observation de Scoresby sur la fusion de la poix au soleil pendant qu'elle gelait à l'ombre, nous pouvons, entre autres, comparer les observations du capitaine Mack sur la côte septentrionale de

Nowaja-Semlja. Ce marin trouva là, près des îles Gulf-stream, par 76° 20′ de latitude, une température moyenne de 3°,8 centigrades pour l'intervalle du 3 au 31 juillet, tandis que du 20 au 25 la température de l'air au soleil s'éleva à 20° et même à 38°. J'ai souvent observé la même chose pendant mes séjours sur les glaciers des Alpes, et l'influence d'une pareille température sur la fusion des glaces est énorme.

A Nowaja-Semlja, les courants tendent à accumuler les glaces sur les côtes orientales, comme dans la plupart des terres étendues de la zone arctique. Mais les eaux à température plus élevée amenées par le Gulf-stream d'une part, de l'autre par l'Obi et l'Iénisseï, contribuent aussi beaucoup à la réduction plus active des glaces sur le littoral de l'ouest, du nord et du nord-est de la grande île. Rien d'étonnant, par conséquent, dans ce que ces dernières côtes soient déjà abordables dès le mois de juin, même pour des navires à voiles. Déjà Lütke insistait, en 1824, sur la moindre puissance des glaces sur les côtes de l'ouest, du nord et du nord-est de Nowaja-Semlja que sur son littoral méridional et dans le sud-ouest de la mer de Kara, où le capitaine Mack trouva encore des glaçons de six pieds d'épaisseur en juin, Au sud de l'île Waïgatsch, du côté de la Petschora et de l'île Kolgujew, et à l'opposé de la côte septentrionale qui subit l'influence des courants chauds, les glaces semblent plus fortes encore. Selon Simonsen, la glace avait encore trente pieds d'épaisseur près de l'île Kolgujew, le 4 juillet. Les observations de la campagne de 1871 confirment pleinement les expériences des navigations antérieures sur la lisière des glaces de Kolgujew, s'étendant autour de cette île, depuis la terre des Oies — Gänseland — sur la côte sud-ouest de Nowaja-Semlja et Kanin-Noss. Il y a là plus de glaces que dans les parties de la mer Glaciale à plusieurs centaines de milles plus au nord.

Le contraste entre l'état des glaces sur la côte ouest et

sur la côte est de Nowaja-Semlja ressort surtout par les na
'vigations des capitaines Carlsen et Sören Johannesen. Tandis
que Sören Johannesen s'avança sur la côte occidentale jusqu'à 76° 30′ de latitude sans découvrir, jusqu'au 20 octobre,
aucune trace de glace à l'horizon, Carlsen fut entouré de
glaces près de la côte méridionale, du 20 au 29 septembre,
entre 72° et 74° de latitude. Dans la mer à l'est de l'île
Hope, non pas près des côtes, MM. Payer et Weyprecht
furent étonnés de la faible épaisseur des petits champs de
glaces, ne dépassant pas deux pieds au plus. « Dans toute
cette mer la glace fut plus légère que l'expédition allemande ne l'avait trouvée sur n'importe quel point des parages du Groenland oriental. » Le docteur Petermann a
cherché à distinguer les observations sur l'état des glaces
pendant les mois de juin, de septembre et d'octobre autour
de Nowaja-Semlja, sur la planche 19 des *Geographische Mittheilungen* de 1872, en représentant les divers itinéraires
par des signes différents pendant chacun de ces trois mois.
Un coup d'œil sur cette carte nous montre pendant le mois
de juillet la glace en grandes masses, surtout autour de l'île
de Waïgatsch, des glaces flottantes en fragments entre la
presqu'île de l'Amirauté et le cap Nassau, tandis que la
grande baie de la côte septentrionale de Nowaja-Semlja, entre le cap Nassau et le cap des Glaces, était alors remplie de
glace. Il n'y a point d'observation pour cette époque relativement à la côte nord-est. Près de la côte nord de Nowaja-
Semlja, les glaces sont plus abondantes en juillet que pendant le mois de juin; mais dès le mois d'août ces glaces de
juillet disparaissent de nouveau. Les glaces flottantes, encore abondantes à 10 ou 20 milles de la côte nord-est en
août, disparurent complétement en septembre.

Ces observations se rapportent à l'année 1871. En 1872,
l'état des glaces a été moins favorable au nord de Nowaja-
Semlja comme dans les parages des Spitzbergen. L'expédition autrichienne se trouvait encore arrêtée par les glaces

sur la côte de Nowaja-Semlja dans la seconde moitié d'août,
comme l'expédition suédoise sur la côte des Spitzbergen.
Dans l'océan Glacial comme en Europe, les années se suivent
sans se ressembler complétement. Ce qui est certain toutefois, c'est que pendant trois années consécutives, de 1869 à
1871, les pêcheurs norvégiens ont pu traverser la mer de
Kara, alors que d'autres navigateurs moins hardis ou moins
patients sont revenus en déclarant l'accès de cette mer im-
possible par les détroits de Kara et de Jagor. Dans la petite
carte à l'échelle de $\frac{1}{5\,000\,000}$ jointe à cette notice, nous
avons indiqué, avec les itinéraires de MM. Payer et Weyprecht, Smith et Ulve, puis des baleiniers norvégiens Tobiesen, Johannesen, Mack, les rectifications faites par ces diverses expéditions au tracé des terres de la zone polaire
pendant les dernières années, tant du côté de Nowaja-
Semlja que dans le groupe des Spitzbergen.

Pour Nowaja-Semlja, nous ne possédons guère de déterminations satisfaisantes que pour les caps extrêmes et
pour certaines parties de littoral assez restreintes. Avant les
courses des marins norvégiens, les positions déterminées
avec quelque précision étaient très-rares. Au mois d'août
1872, les correspondances de la nouvelle expédition scientifique autrichienne insistaient sur l'inexactitude des cartes.
« Tout est vague, écrivait le lieutenant Weyprecht, sur les
cartes de Nowaja-Semlja, à partir de la presqu'île de
l'Amirauté; c'est à peine si l'on peut deviner quelles sont
les îles devant lesquelles nous nous trouvons. » Les meilleurs cartes de cette région sont sans contredit celles de
M. Mohn et du docteur Augustus Petermann. Dans les *Geographische Mittheilungen* du mois d'octobre 1872, M. Petermann a donné, avec une esquisse générale du groupe de
Nowaja-Semlja, le tracé des parties du nord-est à l'échelle
relativement considérable du $\frac{1}{720\,000}$. Ce tracé repose sur
les relevés des marins norvégiens en 1871, notamment des
capitaines Dörma, Mack, Carlsen, mis en ordre par M. Mohn,

l'éminent directeur de l'Institut météorologique de Norvége. Les déterminations de Mack, de Carlsen et de Dörma pour les latitudes se correspondent assez bien ; mais les longitudes présentent entre elles des différences plus sensibles. D'après ces déterminations, l'extrémité nord-est de l'île se trouve par 77° de latitude nord et 67° de longitude à l'est du méridien de Paris. Sur la nouvelle carte, le cap Nassau est porté à 22 milles marins plus au sud-ouest que la position admise par Lütke. Tout le détail de la côte entre la presqu'île de l'Amirauté et les îles Pankratgew, de 75° à 76° de latitude, a été dessiné d'après les observations du capitaine Johannesen en 1871, et les relevés du même marin en 1870 ont servi pour le tracé de la côte orientale entre les îles Pachtusow et le cap Edward, soit de 74° 30′ à 75° 30′ de latitude. Sans doute, si l'expédition autrichienne avait eu entre les mains, l'automne dernier, la nouvelle carte de M. Petermann, elle lui aurait reconnu, sinon une précision définitive, du moins une grande supériorité sur les cartes antérieures.

La topographie de l'intérieur de Nowaja-Semlja, avec le détail des montagnes, des glaciers, des rivières, reste à faire. M. de Heuglin et l'expédition de Rosenthal ont rapporté, en 1871, de bons relevés des bords du détroit de Matotchkin, des détroits de Kara et de Jagor à l'échelle de $\frac{1}{300\,000}$ figurés sur la planche 4 des *Geographische Mittheilungen* de 1872. Sur cette dernière carte M. Petermann a porté avec une attention particulière les résultats des sondages faits par les Russes, lors du voyage de M. de Baer, puis par les Norvégiens et les Allemands en 1871. Comme le fond de la mer est très-inégal, surtout dans le détroit de Matotchkin, ces sondages ont un grand intérêt pour la navigation. La profondeur du passage varie entre 86 et 6 brasses dans le milieu du canal, et les observations de l'expédition de Rosenthal ne s'accordent pas bien avec celles des Russes, sans que nous puissions affirmer lesquelles méritent la préférence. Dans les détroits de Kara et de Jagor, la profondeur au milieu du canal dépasse 50 brasses, d'après les observations des pêcheurs norvégiens. En 1870, le capitaine Torkildsen a déjà franchi avec facilité le détroit de Kara le 24 juin, tandis que Qvale pénétra à travers le détroit de Jagor le 11 juillet, et le capitaine Mack par le détroit de Matotchkin le 18 juillet. Mais ces passages ne sont pas également aisés chaque année.

Dans le groupe des îles Spitzbergen, l'extension de trois degrés de longitude du côté de l'orient de la terre du Nord-Est, d'après les observations de MM. Smith et Ulve, introduit aussi dans les nouvelles cartes une modification considérable. Il en est de même pour la position de la terre de Wiche, fixée en 1872 par les pêcheurs norvégiens Altmann, Johnsen et Nilsen. Cette terre de Wiche, découverte par des baleiniers anglais en 1617, devait s'étendre, d'après leurs indications, de 75° 45′ à 78° 20′ de latitude nord, et à l'est des Spitzbergen. Depuis, elle fut revue de loin, en 1864, par deux voyageurs anglais, MM. Birbeck et Newton, en 1865, par l'expédition suédoise de M. Nordenskjold, puis, en 1870, par MM. Zeil et de Heuglin, qui proposèrent de lui donner le nom nouveau de König-Karl-Land, en l'honneur du roi de Wurtemberg, leur souverain, avec l'entraînement qui porta à cette époque tout honnête Allemand à l'annexion de territoires nouveaux. Personne cependant, à notre connaissance, ne posa de nouveau le pied sur l'île de Wiche avant les Norvégiens. Le capitaine Altmann atteignit cette île le 28 juillet, en venant du groupe des îles Ryk-Is, au sud-ouest. Le capitaine Johnsen y arriva du sud dans la seule moitié du mois d'août, après avoir traversé des eaux complétement libres de glace. Le capitaine Nilsen enfin gravit une des sommités de l'île et passa de son extrémité nord au détroit de Hinlopen. A l'aide des données rapportées par ces marins, M. Mohn a publié dans les *Geographische Mitthei-lungen* une carte de l'île Wiche, dont l'étendue ne dépasse

guère 79° de latitude nord et ne paraît pas dépasser 78° 30′
du côté du sud. Je ne m'étendrai pas ici sur ces découvertes
de l'année 1872, que le secrétaire de la Société de géographie,
M. Charles Maunoir, a déjà signalées dans son rapport présenté à l'assemblée générale du 24 décembre.

En somme, les explorations de l'océan Glacial en 1871 ne
permettent plus de maintenir la limite de la lisière des
glaces marquée sur les cartes par 75° de latitude dans la
mer à l'est des Spitzbergen. Cette mer, inexplorée avant les
derniers voyages, devient parfaitement navigable à la fin de
l'été jusqu'à des latitudes bien supérieures. Les observations de MM. Payer et Weyprecht, entre 42° et 60° de longitude est, réunies à celles du capitaine Mack, jusqu'à 80° de
longitude orientale, démontrent l'existence d'une mer facile
à parcourir en 1871, du mois d'août au mois de septembre,
jusqu'au delà de 78° de latitude nord, même sans navire à
vapeur et dans *une zone riche en baleines*. Avec le concours
d'un navire à vapeur bien construit, on eût sans aucun doute
poussé beaucoup plus loin. Les voyages en traîneaux dans
le nord de l'Amérique, de Mac Clintock, de Mecham, de
Young, de Richards, d'Osborn, ont été effectués entre 75°
et 77° nord, soit à une latitude correspondant au nord-est
de Nowaja-Semlja. Une seule de ces courses, dirigée par
l'amiral Mac Clintock, a atteint 77° 50′ de latitude, au prix
d'efforts presque surhumains, tandis que MM. Payer et
Weyprecht ont atteint presque sans peine, avec un navire
à voiles, 78° 48′, que le capitaine Ulve s'est élevé à 81° 24′ de
latitude avec un navire à voiles, également au nord des Sept-
Iles. En 1806, dès le 24 mai, Scoresby trouva encore des eaux
complétement libres, aussi loin que pouvait atteindre le
regard, à peu de distance du point atteint par le capitaine
Ulve le 11 septembre 1871. Sur la côte occidentale du
Groenland, Morton, un des compagnons de Kane, s'éleva, le
25 juin 1854, jusqu'au cap Constitution, par 80° 20′ de latitude, et le Dr Hayes à 81° 35′, le 18 mai 1861, en traîneau

comme Morton, tandis que le capitaine Hall s'avança par eau, dans le canal de Robeson, jusqu'à 82° 16′ de latitude en septembre 1871. De son côté, l'expédition suédoise de 1868 se trouva arrêtée avec son navire à vapeur, le 19 septembre, par 81° 42′ de latitude et 15° 10′ de longitude est, tandis que Parry s'avança en traîneau jusqu'à 82° 48′, sur les glaces en dérive vers le sud. Si le pôle nord est occupé par la mer, non par une terre ferme, il pourra être atteint en navire plus facilement qu'en traîneaux, et cela au moyen de passages ouverts au sein des glaces après la débâcle de l'été. Sans doute la solution de ce grand problème dépend d'un concours de circonstances favorables, changeant d'une année à l'autre, mais son succès tient surtout au courage, à l'énergie, à la persévérance des hommes décidés à l'atteindre.

PARIS. — INPRIMERIE DE E. MARTINET, RUE MIGNON, 2

OCÉAN GLACIAL ARCTIQUE

entre les îles

SPITZBERGEN ET NOVAJA SEMLJA

d'après l'état des explorations

en 1872

dressé par Charles GRAD

Dessiné par Jules Hansen

Longitude orientale de Greenwich.

ILES DU SPITZBERGEN · TERRE DU NORD-EST · NOUVELLE FRIESLANDE · Cap Smith · Cap Mohn · Terre de Gillis ? · Terre de Wiche · I. DE BAREN · ILE EDGE · Détroit d'Olga · Ile Waren ou des Ours

OCÉAN GLACIAL · NORVEGE · R U S S I E · Kanin Nos

Expédition Rosenthal · E.H. Johannesen 1870

Itinéraires du Capitaine E.H. Johannsen 22 Avril - 4 Octobre 1870

Itinéraires de 1871

Payer et Weyprecht 16 Juin — 20 Septembre	Mack 22 Mai 7 Octobre	
Smyth et l'Ours 14 Juin 27 Septembre	E.H. Johannesen 10 Juin 3 Novembre	
Torkildsen 26 Juillet 26 Septembre	Carlsen 22 Mai 4 Novembre	
Lamont 2 Mai 21 Août	S. Johannesen 10 Juin 21 Octobre	

Expédition Rosenthal 23 Juillet 20 Septembre

Echelle de 1:5.000.000

Myriamètres

Etat des Glaces au passage des expéditions

Longitude à l'Est de Paris

TERRE DU NORD-EST
N°1 d'après Dunér et Nordenskjöld 1864
N°2 d'après Smythe&Ulve 1871
NOVAJA SEMLJA (NOUVELLE-TERRE)
Echelle de 1:15.000.000
NOVAJA SEMLJA
d'après les Cartes marines antérieures à 1870
NOVAJA SEMLJA
d'après A. Petermann, 1872
Octobre 1873
N°1
N°2
TERRE DU NORD-EST
Isle l'Admirauté
KARA
MER DE JALMAL
PR. DE JALMAL OU DES SAMOJEDES
I. Blanche
I. Waigatz
ARCTIQUE
OCÉAN
SEMLJA
NOVAJA
MER DE KARA
PRESQU'ILE DE L'ADMIRAUTÉ
G.d Cap des Glaces
PRESQU'ILE DE JALMAL OU DES SAMOJEDES
I. Blanche
Bouche de l'Ienissei
Bouche de l'Obi
Baie de Kara
KARPATCHLY SCHARR
ILE WAIGATSCH
Détroit
Bouche de la Petschora
Détail de
l'Itinéraire de Carlsen
au N.E. de Novaja Semlja
Echelle de
S
I. Kanin Noss
de Paris
Imp. Feuille

PUBLICATIONS DE M. GRAD

EN VENTE A LA MÊME LIBRAIRIE :

L'Alsace, sa situation et ses ressources *au moment de l'annexion.* In-8°. Paris, chez Delagrave.

Considérations sur la géologie et le régime des eaux du Sahara algérien. In-8°. Paris, 1872.

L'Australie intérieure. *Voyages et explorations à travers le continent australien.* 1 vol. in-8°. Paris, chez Challamel.

Esquisse physique des îles Spitzbergen et de la *zone polaire.* 1 vol. In-8° avec carte, chez Challamel, éditeur.

Résultats scientifiques de l'expédition allemande dans l'océan Glacial. in-8°. Paris, 1870. (Épuisé)

Résultats scientifiques de l'expédition allemande au Soudan oriental. In-8°. Paris, 1865. (Épuisé.)

De la distribution géographique des glaciers, avec une carte. In-8°. Paris, 1867. (Épuisé.)

Étude sur les phénomènes de la vie du globe. In-8, 1868.

Esquisse de la géographie physique de la haute Asie, avec une carte. Paris, 1869. (Épuisé.)

Statistique des colonies de l'Australie. In-8°, 1868. (Épuisé.)

Examen de la théorie des systèmes de montagnes *dans ses rapports avec les progrès de la stratigraphie.* In-8°, avec deux cartes. Savy, éditeur. Paris, 1871.

Coup d'œil sur la végétation de l'ancien monde. In-8°. Paris, 1869.

PARIS. — IMPRIMERIE DE E. MARTINET, RUE MIGNON, 2